科学能救命

雨林中的大危机

[英]费利西娅·劳 [英]格里·贝利 著 [英]莱顿·诺伊斯 绘 苏京春 译

中信出版集团｜北京

图书在版编目（CIP）数据

雨林中的大危机/（英）费利西娅·劳,（英）格里
·贝利著；（英）莱顿·诺伊斯绘；苏京春译. -- 北京：
中信出版社, 2022.4
（科学能救命）
书名原文：Tangled in the Rainforest
ISBN 978-7-5217-4132-2

Ⅰ.①雨… Ⅱ.①费… ②格… ③莱… ④苏… Ⅲ.
①热带雨林−少儿读物 Ⅳ.① P941.1-49

中国版本图书馆CIP数据核字（2022）第044640号

雨林中的大危机
（科学能救命）

著　　者：[英] 费利西娅·劳 [英] 格里·贝利
绘　　者：[英] 莱顿·诺伊斯
译　　者：苏京春
审　　订：魏博雯
出版发行：中信出版集团股份有限公司
　　　　　（北京市朝阳区惠新东街甲 4 号富盛大厦 2 座　邮编　100029）
承　印　者：北京联兴盛业印刷股份有限公司

开　　本：889mm×1194mm　1/20　　印　　张：1.6　　字　　数：34 千字
版　　次：2022 年 4 月第 1 版　　　　印　　次：2022 年 4 月第 1 次印刷
京权图字：01-2022-0637　　　　　　 审　图　号：01-2022-1390
书　　号：ISBN 978-7-5217-4132-2　　 此书中地图系原文插图
定　　价：158.00 元（全 10 册）

出　　品：中信儿童书店
图书策划：红披风
策划编辑：黄夷白
责任编辑：李银慧
营销编辑：张琦旎　易晓俏　李鑫橦
装帧设计：李晓红

目　录

乔的故事

你们好！我叫乔。

我想邀请你们加入我的探险之旅。

那是一场发生在热带雨林的探险！

过桥时要抓紧。这座桥是用绳子和竹子做成的，所以当你走路时，它会非常摇晃。跟紧我！

我想带你看一些热带雨林深处的东西。你问我会有危险吗？不会的，我们会一边走一边找到食物和住所的。在我们所拥有的科学知识的帮助下，我们一定会在热带雨林中化险为夷的。

来，一起走吧。探险就要开始了。

你一定会遇到下雨的。是的，这里雨水非常多，比世界上任何地方都多。但是终年高温，所以即使被淋湿了，雨一停你也很快就干了。

而且在热带雨林中，我们很容易找到避雨之处。热带雨林密密麻麻地生长着高大的多叶植物。它们就像一层屏障，减少了到达森林地表的雨水量。

热带雨林是什么

热带雨林是一片茂密的森林，终年高温，降雨特别频繁。

高温潮湿的气候让热带雨林中长满了色彩鲜艳的花朵和形状各异的树木。一些树木能够提供各类有用的东西，如椰子、胶乳和用于建筑的木材等。

热带雨林在哪里

赤道是一条假想出来的线，它在现实中并不是真的存在，它环绕着整个地球。世界上高温又潮湿的地方都分布在赤道附近。这个地区被称为热带地区。这就是世界上巨大的热带雨林的生长地。

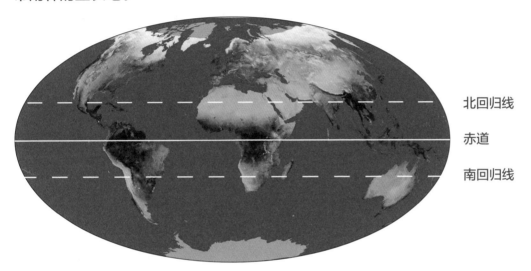

北回归线

赤道

南回归线

热带雨林地区的降雨可能时常伴有雷电，因为热带地区受到赤道无风带的影响。赤道无风带是无风或风向多变的地区，那里的气候总是炎热又潮湿的。

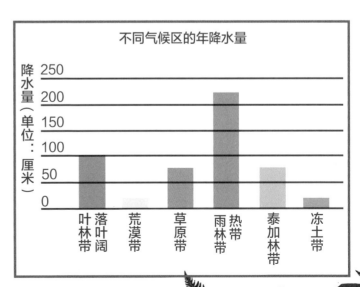

为什么会下雨

雨是水循环的一部分。水循环描述了水是如何从空中移向陆地或海洋，然后又回到空中的过程。

在循环开始时，地面或海洋中的水被太阳或暖风加热。它从液体变成微小的水滴或蒸汽，并上升到空气中。我们称之为蒸发。

当水蒸气上升时，它冷却下来并再次形成大水滴。我们称之为凝结。水滴围绕微小的尘埃颗粒形成云。

水滴相互黏附，形成更大的水滴。当足够大时，它们会以雨、雨夹雪或雪等形式降落。

它们落回地面，循环再次开始。

冰和雪

河流

倾泻而下

泉水

树根

植物通过根部吸收水分。再从叶子中释放水分，水分蒸发到空气中，即蒸腾作用，它是水循环的一部分。

热带雨林有哪些植物

　　热带雨林中生长着各种各样的植物。在加里曼丹岛的丛林中，你可能会在 10 公顷的土地上发现 700 多种物种。

加里曼丹岛的雨林中生长着 18 000 多种兰花。有些可能 15 年才能开一次花

巨大的睡莲漂浮在河流和池塘的表面

猪笼草能淹死昆虫。它的每片叶子上都有一个瓶状体，瓶盖下分泌香味，引诱昆虫，当昆虫去觅食时，会因瓶口非常光滑，滑入黏液中被淹死并消化

大王花生长在一种藤蔓植物上。它没有叶子或根，只有巨大的花瓣，它散发的气味闻起来有点像腐烂的肉。它是世界上最大的花

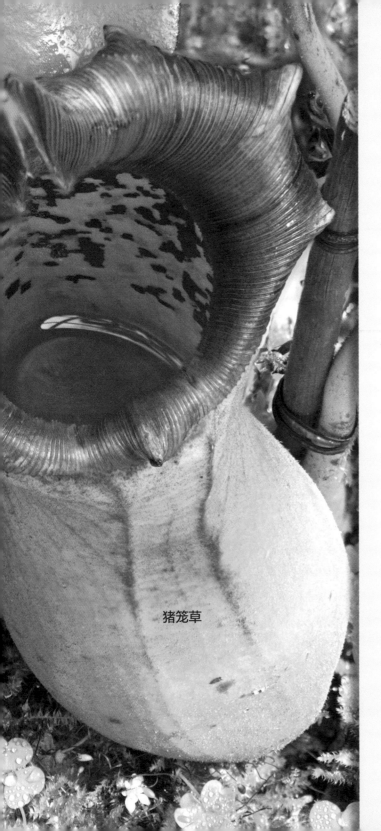

猪笼草

你口渴吗？看看我们周围的植物是如何以不同的方式收集雨水的。它的"水罐"里装满了水。来，喝一杯。

大王花的花瓣是从中间一个圆形的有点像盘子的中空之处向四周长出来的。你会发现大王花的中空之处灌满了水。

但我们必须继续前进。由于植物争夺空间，热带雨林看上去总是密密麻麻的。热带雨林中主要有三层植物。我们头顶上方是高大的、绿叶茂盛的树冠，下面是许多鸟和动物生活的林下层。

然后是热带雨林的地表层。我们必须找到一条能够穿过的路，所以我们得靠得近一点。

地面是雨林的地表层。因为阳光很少，这里很暗。地表覆盖着鲜花、蕨类植物和苔藓等

第二层称为林下层。在这里，鸟儿筑巢，植物开花。还有一些大约长到6米高的树木

水蒸气从树冠升起

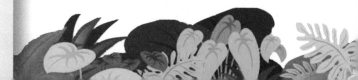

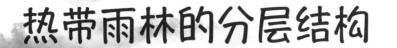

热带雨林的分层结构

最高一层叫作林冠层。它保护较低的区域免受刺眼的阳光和大雨的伤害。这里的树可以长到 65 米高。它们相距很近，但它们的树枝却很少会碰到对方。

绞杀榕是一种"杀手"树。它把树根缠绕在另一棵树上，从而摧毁对方。随着它在寄主树上生长和攀爬，寄主树就会慢慢变弱并被"杀死"

绞杀榕

安静！这是我想给你们看的热带雨林景观之一。

温和的猩猩是较大的猿类之一。它主要生活在印度尼西亚的雨林中。它大部分时间都在树上寻找树叶、花蕾、果实、昆虫、树皮和鸟蛋等。

你看那边！一只雌性红毛猩猩正在窝里休息，与幼猩猩玩耍。它在几个小时前建造了这个巢，一个用树叶和树枝搭建的平台，它们将在那里过夜。明天它将在森林的另一个地方筑巢。

这提醒了我。就像猩猩一样，我也需要为夜晚搭建一个庇护所。

猩猩的家

一只母猩猩为幼猩猩筑巢

首先，我需要剪下一些细而弯曲的树枝，并把它们的叶子剥掉。

我把它们弯曲成拱形支柱，用一段藤蔓或葡萄植物把它们紧紧地固定住。

最后我只需要找到一些枝繁叶茂的树枝，把它们放在这个支柱上，并把它围起来就可以了。

拱形房屋

拱形是建筑物中使用的较坚固的形状。拱形的曲线构造使上覆的重量分散到两侧的支撑点上。

拱形桥梁将公路或铁路的重量分散到两侧呈扇形分布的支柱或支架上

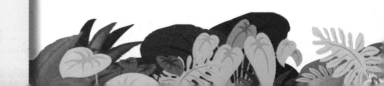

巴布亚新几内亚的传统小屋

蒙古的毡房

美洲土著的小屋

美国亚利桑那州皮马人的家

怎样在热带雨林中修建一个房子

　　许多部族都会选用拱形结构来建造房屋。首先设置一个拱形框架，形成一个圆形的结构。拱架足以承受覆盖物的重量，覆盖物可能是动物皮、竹子、草或毛毡等。

睡在睡袋里，我们会安然并干爽地度过一整夜。如果你听到声音，那也别担心。热带雨林在夜间会变得热闹起来。

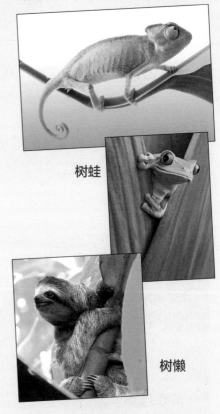

蜥蜴

树蛙

树懒

一些雨林动物用伪装来保护自己

有些热带雨林动物的皮毛很黑，我们在黑夜中只能看到它们的眼睛。黑豹的黑色斑点皮毛会在夜间融入森林。这种皮毛为黑豹爬行到毫无戒备的猎物身旁提供了完美的伪装。

鹦鹉

有些动物颜色鲜艳，以吸引异性

是鲜艳的颜色还是伪装

雨林中的许多动物用伪装来躲避敌人。它们的皮肤、皮毛或羽毛的颜色可以变成红色、棕色或绿色，与周围的环境相匹配，使它们很难被发现。

箭毒蛙

变色龙和蛙生活在树上。在枝繁叶茂的树枝间，很难看到它们绿色的身体。一条绿色的藤蔓蛇甚至可以通过像攀缘植物一样缠绕在树枝上来伪装它的爬行。

一些动物则会展示自己鲜艳的颜色，一方面可以吸引配偶，另一方面也在警告别人，它们是有剧毒的。

黑豹白天睡觉。它会在夜间出来捕猎觅食

我猜你饿了。我们可以吃一些生长在森林里的好东西，但我们需要慎重选择。

这东西能吃吗

雨林中生长着成千上万种植物。有一些是人可以吃的。

守宫木是一种林下层林木，它的叶子可以吃

野姜是另一种可食用植物

酸脚杆的浆果是紫色的，可以食用，果实变成紫色时就已经成熟了，此时食用它们是很安全的

米丁蕨顶部卷曲的芽可以蒸、煮或炸食

榴梿果实生长在很高的树上。它的气味真的很重

这是我想给你们看的东西之一。这是一座城市——白蚁之城。这座高高的土堆里住着数十万只白蚁，它们都通过隧道从一个房间移动到另一个房间。

白蚁是有组织地从事特定工作的蚁种。有些白蚁负责守护蚁后所产的卵。有些白蚁负责打猎或觅食。有些白蚁则负责守卫领地并击退敌人。

这是一个非常有纪律，非常整洁的白蚁城市！

在一起生活

白蚁是高度社会化的昆虫，这意味着它们生活在每只白蚁都有工作要做的群体中。一个群体中可能有多达一百万只白蚁，它们被分为四个工种，每个工种都扮演着不同的角色，从事着不同种类的工作。

一群白蚁之中只有一只蚁后，它是整个蚁群中最大的一只白蚁。它太大了，挪动的时候需要许多白蚁帮助它。

在交配季节，蚁后会与雄蚁交配，并产卵数百万枚。

工蚁和兵蚁负责觅食，保护蚁后，照顾蚁巢——一个分为几个房间的高丘。

白蚁

白蚁堆

但是你看！白蚁的敌人来了。那是一长串凶猛的非洲行军蚁。它们为了觅食正在搬到一个新家去。

它们会捕杀并吃掉它们所经过的任何东西——甚至是小型哺乳动物。

当然，它们也会攻击白蚁巢穴，偷虫卵。

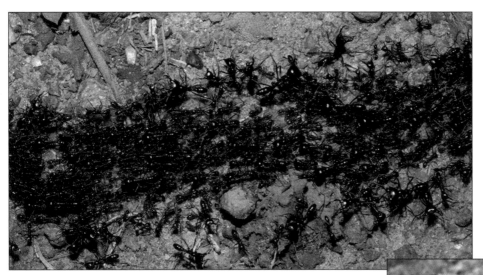

蚂蚁大军

行军蚁紧密排列成柱状队形
不断前行

当行军蚁从一个栖息地迁移到另一个栖息地或寻找食物时，它们通常会排成长队移动。较小的工蚁在队伍的中间行进，而较大的蚂蚁则在外围行进建立起一个哨兵走廊，以保护柱状队伍内的伙伴，并保持移动时的队形。

一只行军蚁

行军蚁会寻找蚯蚓、昆虫以及那些小到足以让它们轻易杀死的小动物为食。有时它们会当场吃掉猎物，但大型猎物会被它们切碎并带回蚁群。

所有行军蚁都是盲的。它们主要通过气味进行交流。它们使用的是信息素，这是一种化学气味物质。

我们现在在伐木者营地。你可以听到链锯锯木头时发出的刺耳声音。

砍伐森林不只是会对生活在其中的人和动物构成威胁，而是会对所有人的生存构成威胁。为什么会这样呢？

森林警报

不幸的是，多年的森林砍伐已经使大片的雨林消失。例如，因为伐木每隔一两分钟就会摧毁一公顷亚马孙雨林。

曾经，雨林覆盖了地球表面的 14%。现在就只剩下 6% 了。

若以这种速度发展下去，雨林可能在 50 年后就不复存在了。

我们需要森林

森林可以吸收对人类和其他动物产生威胁的二氧化碳，而森林释放出来的是人类和其他动物呼吸都需要的氧气。仅巴西巨大的亚马孙热带雨林就产生了地球 20% 的氧气。

地球上一半以上的动植物物种都存在于热带雨林中。如果我们失去了热带雨林，我们也会失去这些物种。

我们在热带雨林的探险就此结束了。

现在你也应该明白热带雨林已经受到了怎样的威胁。除非我们齐心协力去保护它，否则热带雨林恐怕陪伴不了我们多久了——包括生活在其中的那么多奇妙的生物。

为什么乔会在热带雨林呢

东南亚的热带雨林是地球上最古老的雨林，它的形成可以追溯到 7 000 万年前。但这些充满奇异动植物的丛林将在未来 10 年内被摧毁，其消失的速度远超过其他的雨林。非法采伐导致了这一场灾难，像乔这样的科学家正在发出警告，要人类采取行动保护雨林。

数百种动物正濒临灭绝。世界上仅存的几百头苏门答腊犀虽仍然存活在苏门答腊岛和加里曼丹岛的森林的小角落之中，但是爪哇犀已经灭绝了。更多物种的灭绝也将接踵而至。

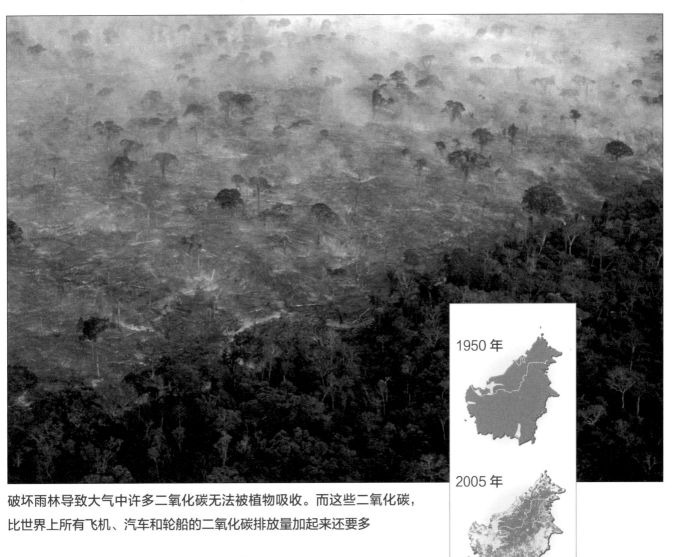

破坏雨林导致大气中许多二氧化碳无法被植物吸收。而这些二氧化碳，比世界上所有飞机、汽车和轮船的二氧化碳排放量加起来还要多

1950 年

2005 年

2020 年

苏门答腊犀非常稀有，必须加以保护

地图显示了加里曼丹岛的热带雨林是如何萎缩的

词汇表

伪装

动物身上的图案或颜色，使其能够隐藏在周围的环境中。

林冠层

是热带雨林分层中位置最高的。

凝结

凝结与蒸发相反。当空气中的水蒸气从气体变成液体并落到地面时，就会发生这种现象。

森林砍伐

是指砍伐和破坏大片的森林。

环境

人类生存的空间及其中可以直接或间接影响人类生活和发展的各种自然因素称为环境。

蒸发

描述了液体（如水）如何转变为不可见的飘浮气体。

灭绝

指一种动物或植物的完全消失。

觅食

寻找食物。

地下水

聚集在地下的水，以泉水和溪流等形式出现在地表。

伐木

砍伐森林中某些类型的树木。

白蚁

生活在多达数百万个体的群体中的类蚂蚁昆虫。

蒸腾作用

水分通过植物的根部从土壤中抽取后，传递到植物的每一部分，并通过叶子释放回大气的方式。

林下层

林下层是雨林的中间地带，许多鸟和动物在此安家。

水循环

水绕地球运动的方式。它从河流和海洋中蒸发，上升到空中形成云，然后又以雨雪等形式落回地面。

水蒸气

水升温蒸发时形成的看不见的气体。

《每个生命都重要：身边的野生动物》

走遍全球 14 座大都市，了解近在身边的 100 余种野生动物。

《世界上各种各样的房子》

一本书让孩子了解世界建筑史！纵跨 6 000 年，横涉 40 国，介绍各地地理环境、建筑审美、房屋构建知识，培养设计思维。

《怎样建一座大楼》

20 张详细步骤图，让孩子了解我们身边的建筑学知识。

《像大科学家一样做实验》（漫画版）

超人气科学漫画书。40 位大科学家的故事，71 个随手就能做的有趣实验，物理学、数学、天文学等门类，锻炼孩子动手、动眼和思考的能力。

《人类的速度》

5 大发展领域，30 余位伟大探索者，从赛场开始了解人类发展进步史，把奥运拼搏精神延伸到生活之中。

《我们的未来》

从小了解未来的孩子更有远见！26 大未来世界酷炫场景，带孩子体验 20 年后的智能生活。